INFLUENCE

DE

L'ENCOMBREMENT

SUR

L'ÉPIDÉMIE VARIOLIQUE ACTUELLE

PAR

M. LOUIS GODEFROY

MEMBRE DE LA COMMISSION D'HYGIÈNE DU 11ᵉ ARRONDISSEMENT

DE LA VILLE DE PARIS

PARIS

IMPRIMERIE DE JULES CLAYE

7, RUE SAINT-BENOIT, 7

—

Juillet 1870

INFLUENCE

DE

L'ENCOMBREMENT

SUR

L'ÉPIDÉMIE VARIOLIQUE ACTUELLE

PAR

M. LOUIS GODEFROY

MEMBRE DE LA COMMISSION D'HYGIÈNE DU 11ᵉ ARRONDISSEMENT
DE LA VILLE DE PARIS

PARIS

IMPRIMERIE DE JULES CLAYE

7, RUE SAINT-BENOIT, 7

—

Juillet 1870

Permettez-moi, messieurs, de vous remercier de votre bon accueil, et de vous exprimer hautement le bonheur que j'éprouve de compter au nombre des membres de la Commission philanthropique d'hygiène, dont je fais partie.

J'ai souvent eu l'occasion d'admirer le zèle et la persévérance avec laquelle mes honorables collègues accomplissent la mission qui leur est confiée, et qui a pour but d'améliorer, au point de vue de l'hygiène, la demeure de l'ouvrier.

Je me suis efforcé en toute circonstance d'imiter votre exemple, et je crois n'avoir jamais failli à ce même devoir, en signalant toujours à l'autorité compétente les besoins qui étaient indispensables, pour que l'artisan et sa famille pussent respirer dans un milieu où la santé ne fût jamais compromise.

Aussi l'épidémie régnante de la variole a-t-elle éveillé mon attention, et à cet effet je me suis enquis des ravages que cette maladie avait pu faire dans la circonscription de l'arrondissement qui m'a été confiée par vous. Je suis heureux de vous apprendre, messieurs, que l'épidémie variolique n'a point pris droit de cité sur ce point de Paris, et cela est peut-être dû aux bonnes conditions d'aération où se trouvent les habitations que je visite.

L'encombrement et la non-aération ont été en effet presque toujours, à mon avis, les causes principales des épidémies meurtrières qui sont survenues à des époques différentes, 1830, 1852, 1865 (choléra). Tant il est vrai que ce sont *ces vapeurs putrides* émanant des circonstances anti-hygiéniques que nous venons d'énumérer, l'encombrement et le défaut d'aération, qui ont dans une foule de cas empoisonné le sang de ces malheureux qui ont succombé, soit dans nos hôpitaux, soit sur le champ de bataille, au choléra, au typhus et à la fièvre typhoïde.

De grands expérimentateurs, qui ont écrit dès le commencement de ce siècle, ont signalé avec raison, comme une des causes les plus déterminantes de la putridité, *l'encombrement*.

Tel est en effet le mémoire d'Olivier, cet homme qui eut le courage de s'inoculer la matière septique afin de confirmer la doctrine qu'il professait alors sur *la gangrène*. Orfila, avant lui, avait déjà appliqué, dès 1815, du sang, de la bile, des fragments de tissus décomposés sur le tissu cellulaire de diverses parties du corps chez plusieurs chiens, et en quelques heures ce grand homme avait vu survenir chez ces animaux de l'abattement, des vomissements, et quelques-uns d'entre eux avaient succombé. En un mot, les symptômes· de *putridité* que l'on rencontre sont les mêmes dans la rougeole, dans la variole, et dans presque toutes les maladies éruptives en général. Aux travaux qui précèdent, nous devons ajouter ceux de Gaspard, Laurent, Dupuis, ce dernier en injectant des substances septiques dans les veines de certains animaux ; Magendie, le célèbre physiologiste, en suspendant des animaux dans une atmosphère chargée d'émanations putrides, et en déterminant ainsi les symptômes de fièvres graves, dont la plupart ont revêtu souvent la forme épidémique.

*
* *

Ces documents scientifiques que j'ai recueillis dans des livres classiques de médecine, dans ces ouvrages, qui vous tombent dans les mains sans qu'on les recherche, m'ont vivement impressionné, je vous l'avoue, et vous comprendrez dès lors aussi bien que moi qu'il devait naître de cette lecture un sentiment de curiosité consistant à savoir, en raison même de notre mission comme membre de la Commission hygiénique, si les travaux de ces savants avaient eu l'influence principale sur l'assainissement de Paris qui a été opéré pendant ces dernières années, ou bien si le plan d'assainissement qui avait été suivi depuis ce temps-là était l'œuvre exclusive de notre administration municipale. A la suite d'importantes et consciencieuses recher-ches, je ne crains point de dire que ce n'est point l'œuvre de ces savants qui en est la principale cause, et bien moins encore l'idée première de ce changement a-t-elle été conçue, comme on le pense, par M. le préfet de la Seine.

Qu'on le sache bien, messieurs, une bonne hygiène, et surtout l'aération, chez un peuple civilisé, était, à mon avis, une question trop importante pour qu'elle fût résolue par un seul homme, quand c'est le progrès de la civilisation seul qui doit en faire justice.

N'est-il pas vrai, en effet, que les guerres européennes qui ont eu lieu au commencement de ce siècle ont donné à Napoléon Ier l'expérience des peuples, et, partant, la pratique qui lui était nécessaire pour accomplir les grandes choses qui ont surgi depuis cette époque, et, entre autres, la création du code qui porte son nom et la conception de ce plan merveilleux de la ville de Paris qui devait donner à ses habitants l'aération et le confortable domestique indispensables à leur santé? Dans cette idée, Napoléon Ier traça un plan de la ville de Paris qui est resté longtemps comme programme, et ce plan n'a eu son exécution véritable que sous le règne de son neveu Napoléon III.

*
* *

Comme vous le voyez, messieurs, le projet qui consistait à mettre l'habitant de Paris dans les meilleures conditions d'hygiène était depuis longtemps conçu, et si les travaux scientifiques ont contribué pour beaucoup à l'accomplissement d'un tel projet humanitaire, la volonté de Napoléon III y a incontestablement contribué davantage; mais celui à qui Paris doit la reconnaissance d'avoir mené à bonne fin ce projet, c'est M. le préfet Haussmann, cet administrateur émérite, à qui on en est redevable. Bien que M. Haussmann, comme tous les hommes de progrès, ait eu des détracteurs, les uns avec parti pris, les autres avec une bonne foi incontestable, il n'est pas moins vrai qu'il a accompli l'œuvre gigantesque, cette œuvre, en effet, plus difficile à accomplir qu'à concevoir, et qui vivra malgré les dires et les protestations des adversaires que M. Haussmann a vus surgir à la Chambre, aux séances des 22, 23, 24 et 25 février 186 .

Les honorables députés qui prirent la parole dans cette dicussion, qu'ont-ils contesté à l'honorable M. Haussmann? Trop de dépenses. Était-ce là une raison suffisante pour vouloir arrêter la marche de ce grand travail? Et a-t-il été une seule fois question, je vous le demande, des bénéfices qu'une telle œuvre pouvait produire sur la santé d'un si grand nombre d'hommes? — Non, car on a été à peu près muet sur ce point; un des orateurs a néanmoins osé hasarder ces paroles :

« Les travaux d'amélioration pour la ville de Paris, ce n'est pas là une idée nouvelle; il est évident que sous le gouvernement de Louis-Philippe, sous la République, comme sous le gouvernement présent, on s'est vivement préoccupé d'assainir les quartiers qui n'étaient pas sains, de tracer des routes où il fallait les ,tracer; en un mot, de transformer successivement les quartiers inhabitables en quartiers sains, comme je l'ai dit, et bien aérés.

« En effet, ce fut dans ce sentiment-là que le gouvernement de Louis-Philippe, vous le savez, entreprit la construction de la rue de Rambuteau, la création de quartiers neufs, de certains quais, l'exécution de divers travaux sur une assez grande échelle. Ce fut dans le même sentiment que la République décréta le percement de la rue de Rivoli.

« Ainsi donc, remarquez-le bien, l'opposition n'a jamais reproché au gouvernement d'heureuses et fertiles améliorations. »

Quel reproche, en effet, pouvait-on adresser à M. Haussmann?

Que son imagination a été au delà des idées administratives de ses prédécesseurs? N'a-t-il pas eu raison? Ne fallait-il pas accomplir jusqu'au bout la mission qui lui avait été confiée par le chef de l'État? Ne pas aller sans crainte en avant, c'était, à mon avis, rétrograder. Et M. Haussmann a été, il faut l'avouer, à la hauteur de son mandat.

*
* *

Si, comme fin de cette discussion législative passagère, il en est résulté qu'au dire de ces mêmes orateurs les revenus de la ville de Paris ont été un tant soit peu grevés, il faut avouer aussi que l'emprunt de juin 1869 est venu disculper hautement la conduite d'un préfet qui, par sa persévérance, par ses aptitudes, peut être compté aujourd'hui au nombre des plus grands bienfaiteurs de la population parisienne. Ces paroles élogieuses adressées à M. Haussmann n'ont point été écrites pour flatter l'amour-propre de l'ancien préfet, elles ont été inspirées par la justice et par la raison.

Je n'ai point toutefois l'intention de m'aventurer plus loin sur ce terrain, qui a souvent prêté à la controverse, car je craindrais de blesser peut-être certaines susceptibilités, et pour cette seule raison, je m'abstiendrai.

*
* *

Mais quand il s'agit des améliorations accomplies et des bons résultats obtenus dans Paris par sa métamorphose (de 1857 à 1870), vous avouerez comme moi que l'air que nous respirons n'est plus ni trop comprimé, ni confiné; il a au contraire, grâce aux grandes voies qui ont été faites, l'odeur, la saveur, la pesanteur, la compressibilité et l'élasticité qu'il doit avoir. Les gaz, en un mot, qui le composent sont dans les proportions et les quantités naturelles :

	En volume.	En poids.
Oxygène........	20,93	23,13
Azote..........	79,07	76,87
Acide carbonique		4 à 6 dix-millièmes.
		3 à 7 grammes par mètre cube.

(*Dict. Littré et Robin.*)

La presque totalité de Paris respire, grâce à ces améliorations, cet air salubre, et notamment les habitants du II⁰ arrondissement. La partie surtout du quartier que je visite est dans ces bonnes conditions d'hygiène ; aussi l'épidémie variolique n'a-t-elle point présenté de gravité dans ces rues que je vais énumérer, et à la suite desquelles je joindrai l'historique emprunté à l'ouvrage de Tynna, publié en 1812, et dans lequel on trouve l'indication de l'alignement à faire des rues, accompli depuis, suivant le plan de Paris, qui existait déjà depuis cette époque dans les archives, ce qui vient confirmer l'idée, que j'ai précédemment émise, que la transformation de Paris n'est pas l'œuvre de M. Haussmann, mais bien celle du progrès.

NOMENCLATURE DES RUES

DONT L'INSPECTION HYGIÉNIQUE M'A ÉTÉ CONFIÉE.

Les maisons qui ont été placées sous ma surveillance sont situées dans le quartier *Bonne-Nouvelle*, et parmi ces rues se trouve la rue *Ville-Neuve*, dans laquelle on commença à bâtir au xvi⁰ siècle. La rue *Pourtalès*, de dénomination récente.

La rue de Cléry, qui commence rue Montmartre et *finit* rue Beauregard et boulevard *Bonne-Nouvelle*. Cette rue qui fut ouverte en 1633, en vertu d'une délibération de Louis XIII, tient son nom de l'hôtel *Cléry* qui était dans cette rue ou auprès, et dont il est fait mention en 1540. *Cette rue est dans l'aligne-ment.*

La rue Beauregard, qui commence rue Poissonnière et qui finit rue de Cléry et boulevard Bonne-Nouvelle. On la connaissait avant le milieu du xviᵉ siècle; elle doit son nom à sa situation au sommet du mont Orgueil. *Elle est dans l'alignement,* excepté les deux bouts du côté du boulevard Bonne-Nouvelle.

La rue de la Lune, qui commence boulevard Bonne-Nouvelle et rue Beauregard et finit rue Poissonnière. Elle fut bâtie de 1630 à 1640, et doit vraisemblablement son nom à une enseigne. *Elle n'est pas dans l'alignement.*

La rue Notre-Dame-de-Bonne-Nouvelle, qui commence rue Beauregard et finit boulevard Bonne-Nouvelle. Elle fut bâtie vers l'an 1630, ainsi que toutes les rues du quartier dit *la Ville-Neuve,* qui avaient été rasées vers l'an 1593, pour y construire des fortifications du temps de la Ligue et du siége de Paris par Henri IV. *Elle n'est pas dans l'alignement.*

La rue Notre-Dame-de-Recouvrance, qui commence rue Beauregard et finit boulevard de Bonne-Nouvelle. Cette rue fut construite vers l'an 1630. *Elle n'est pas dans l'alignement.*

La rue Poissonnière, qui commence rue Cléry et finit boulevard Poissonnière.

En 1290, ce n'était qu'un chemin, nommé le *Val-des-Larrons.* Le terrain sur lequel on a bâti cette rue a porté anciennement le nom de *Clos-aux-Halliers, Masures-Saint-Magloire, Champ-aux-Femmes.* Toute cette rue, qui n'était alors qu'un chemin, était hors de l'enceinte de Paris, achevée en 1383; une grande partie de cette rue fut construite vers l'an 1633, lorsque l'on commença une nouvelle clôture qui l'enferma dans Paris. — *Elle n'est dans l'alignement* qu'à droite, depuis la rue Beauregard jusqu'au boulevard Bonne-Nouvelle.

Le boulevard Bonne-Nouvelle, ainsi dénommé à cause de l'église Notre-Dame-de-Bonne-Nouvelle. Ce boulevard fut tracé en 1536; on commença à le planter en 1668, et il ne fut achevé qu'en 1705. — *Il est dans l'alignement,* excepté les derniers numéros pairs

Les mots *être dans l'alignement* ou *ne pas être dans l'alignement*, placés à la fin de la description de chaque rue, indiquent, d'après le plan de J. de la Tynna (1816), les améliorations qui devaient être apportées dans les rues de Paris et qui ont été depuis en partie réalisées.

Comme on voit, les travaux d'alignement et d'aération qui ont été faits pendant l'administration de M. Haussmann ne sont point l'œuvre exclusive de M. le préfet, mais bien celle d'une foule d'hommes intelligents qui ont surgi depuis l'an 1400 jusqu'à nos jours, comme le prouvent les plans successifs publiés en :

Vers l'an

1400. Plan manuscrit d'après la tapisserie qui représentait cette cité. — Ce manuscrit est daté de l'an 1540, et représente Paris comme il était vers l'an 1400.

Idem. Plan manuscrit trouvé à l'abbaye Saint-Victor, représentant Paris vers l'an 1400. — Il a été gravé par Dheulland en 1756.

1560. Un plan sous Henri II, à la bibliothèque du Roi.

1566. Un plan en italien, à la bibliothèque du Roi.

1609. Plan de Quesnel, en douze feuilles.

Vers l'an

1615. Plan gravé à Amsterdam, par de Witt.

1620. Plan gravé en Hollande.

1651. Plan qui n'indique que les rues et aucun édifice public.

1652. Plan de Boisseau.

1652. Plan de Gomboust.

1669. Plan de Cochin en trois feuilles.

1592. Plan de Defer. — Il y a des plans du même de 1712, de 1714 (sur les dessins de Jouvin) et de 1717.

1697. Paris et ses environs, par Jouvin de Rochefort.

1698. Plan gravé par J.-B. Nolin.

1704. Plan de Roussel.

1712. Plan de Brice.

1716. Plan de De Lille.

1717. Plan de Jaillot.

1720 et 1722. Plan de Roussel, deux feuilles.

1720. Plan de Constantini, dit Octave, pour les barrières et roulettes.

1730. Plan de Paris et environs, par Roussel.

1724. Plan gravé par Bailleul.

1726. Plan annexé à l'*Histoire de Paris*, par Félibien.

1728. Plan de la Grive, six planches.

1734. Plan de Roussel.

1738. Plan en élévation, six feuilles.

1739. Plan en élévation en vingt feuilles, levé par les ordres de Turgot, prévôt des marchands, gravé par Bretez.

1740. Plan de Bonamy pour l'inondation de décembre 1740.

Vers l'an

1742. Coupe de la ville de Paris, par Buache.

1753. Plan de la Grive.

1756. Plan de vers l'an 1400, gravé par Dheulland.

1760. Plan de Robert de Vaugondy.

1766. Petit plan de forme ronde, par Beauvais.

1770. Plan de Jaillot.

Idem. Plan de Moithey. (On y distingue les diverses enceintes.)

1780. Plan qui se vendait chez Alibert, Esnault et Despilly.

1785. Plans de Brion de la Tour — de Robert de Vaugondy — de Desnos — de Lattré.

1780. Le plan de Verniquet, architecte et commissaire-voyer de la ville de Paris, a une demi-ligne pour toise, et est composé de soixante-douze planches; il est de la plus grande exactitude. Verniquet perfectionnait encore cet ouvrage, qui lui avait coûté trente années de travail, lorsqu'il mourut en 1804. Il représente l'état de Paris en 1789.

1813. M. N. Maire, ingénieur-géographe, met au jour la topographie de Paris, avec le tracé des alignements en vingt-deux petites planches, précédée d'un précis historique, et suivie de la nomenclature des rues, etc.

1812 à 1816. Le plan de Picquet, ingénieur et graveur.

1816. Celui de N. Maire, ingénieur-géographe du roi, qui fit paraître à cette époque un plan de Paris bien exact, etc., etc.

*
* *

Ces rues que j'ai précédemment indiquées n'ont point été, en effet, victimes de l'épidémie, tant il est vrai que l'hygiène bien entendue et surtout l'aération sont les moyens les plus précieux, je n'oserai point dire de prévenir les épidémies, mais du moins aptes à enrayer le mal et surtout à ne point entretenir le foyer épidémique.

*
* *

L'endroit où l'homme demeure doit donc avant tout être sain; et convaincus vous-mêmes comme je le suis de cette grande vérité, *que l'aération et les soins de propreté d'une maison sont indispensables pour le maintien de la santé de ceux qui l'habitent,* nous continuerons dès lors à remplir avec le même zèle, comme vous l'avez toujours fait, le devoir que la Commission d'hygiène nous a confié.

Vous êtes en outre trop certains du danger que présente l'encombrement pour que vous n'ayez point répudié pour ces motifs, comme je l'ai fait moi-même, l'idée malencontreuse, qui existait autrefois, d'agglomérer dans un *hôpital spécial* les varioleux.

Mais d'un autre côté, nous avons tous applaudi l'idée heureuse de la vaccination et de la revaccination. Les bons effets d'une telle opération, si bénigne en elle-même, sont incontestables. Et l'auteur de cette prodigieuse découverte, JENNER, mérite à tout jamais notre plus profonde reconnaissance.

CONCLUSIONS.

1° Pour éviter le plus possible une épidémie, et pouvoir surtout l'arrêter plus facilement dans sa marche, la propreté et le renouvellement d'air des habitations sont choses indispensables.

2° Quand il s'agit de la *variole,* il est nécessaire d'avoir surtout recours à la vaccination et à la revaccination. En propageant une telle idée humanitaire, nous aurons accompli une bonne action.

3° Mais un devoir qui nous incombe, c'est de faire connaître aux propriétaires des maisons dont la surveillance nous est confiée le danger de livrer à l'habitation de l'ouvrier ces cabinets noirs non aérés qu'on devrait plutôt utiliser comme débarras. C'est sur ce dernier point que j'appelle surtout l'attention de mes honorables collègues.

PARIS. — J. CLAYE, IMPRIMEUR, 7, RUE SAINT-BENOIT. — [1061]

J. Claye, imprimeur
7, S.-Benoit, 7, à Paris